松永暢史
星野孝博

大人の脳を活性化！
頭のいい小学生が解いているヒラメキパズル

扶桑社文庫
0677

はじめに

ヒラメキ＝発想力は遊びで身につく

　前著『大人に役立つ！頭のいい小学生が解いているパズル』では、人が試行錯誤して問題解決するときの５つの思考術に基づくパズルをご紹介しました。本書では、さらに一段上の、というよりも、まったく異なる頭の用い方である発想力を鍛えるパズルをご紹介します。最近、大学の紹介パンフレットには「豊かな発想力を育みます」、会社の求人案内には「豊かな発想力のある人材を求む」と書かれているのをよく目にします。これは実際に発想力の豊かな人材が少なくなっていることを暗示していますが、考えてみると、学校で発想力が豊かになる教育が行われていないのは明らかです。

　ですから子どもたちは、多くはその遊びのなかで発想力を伸ばしていくことになります。これまでのわが国の教育は、発想力のある人材の育成には力を入れてきませんでした。だからこそ、企業が発想力のある人材を欲しがり、大学はその育成をうたい文句にしているのです。

　発想力とは次にすることを思いつく力です。人は何かをする際に、その何かを思いつかなければ何もすることができません。たとえ毎日のルーティンな作業でも、それをすることを頭の中で想起しなければ何も始まりません。人が生きて活動するには、発想することが必要不可欠。次に何をするかを発想して決意し、行動できなければ、その人は生存し続けることができないことになります。しかし、このように私たちに欠かせない「発想する力」については、実際の研究がほとんど進んでいないのが実情です。それはそうした発想を持つ研究者が少ないからかもしれませんが、「発想」ということがどういうことなのか規定するのが難しいからだと思います。

日常生活での次なる行動を決定することは、多くの場合、すぐにそれを想起し、決定できることですが、なかにはすぐに解決策を発見できない厄介なものもあります。これを英語で"puzzle"＝難問、人を悩ませるものと言います。これには、忍耐強く試行錯誤して丁寧にほどいていくと解決できるものと、一見取っかかりがなくてどうしたらいいのかわからず、何かヒラメキを得ないと解けないものがあります。この後者の、「何かヒラメキ」にあたるものが「発想」することです。そして私たちはこのヒラメキ力に恵まれている人のことを「頭がいい」とか言ったりします。

　なぜ、他の人が思いつかないことを思いつくのでしょうか。いったい、そのとき、その人の頭の中ではどんなことが起きているのでしょうか。

　何か問題を解決しようとして、そのことに集中しているときに、ふと、それまでに考えていたこととはまったく別のものに結びつくことがあります。そのとき同時に、解決しようとするテーマを共通の範疇や次元でとらえられる「土壌」ともいうべきものが発生するのです。そして、脳の中でドーパミンが大量放出されて快感が生じます。

　何かをしつこく考え続けていると、**その対象は徐々に映像化されてくっきりとイメージできるように**なります。頭がその次元にあると、普段つながらなかった遠いものを直感的に結びつけることができるのです。よく数学の図形問題で、ある１本の補助線を引くことに気づけば簡単に答えを得られることがあります。実際、上級校の入試問題ではどこもこの発想する力があるかを問うタイプの問題が増えています。そこではイメージする力が前提になっていることもわかります。

　優れた発想は、その追求のために使った頭を緩めたとき、たとえば散歩中などに起こる場合があります。それは、その追求の結果、頭の中で映像化されるほどになったものが意識の底に

4

あって、それが散歩による外界からの刺激で誘発された何かと結びついた瞬間でしょう。

　このように、発想とは、本来結びつかない複数の事柄を結びつけて、それを認識することだと言えます。そして、発想にはイメージする力と連想連結する力が欠かせません。また、それには特定の考えにとらわれない柔軟なものの考え方が要求されます。**発想力は、夢見る力や創造力にもつながっています。**今、社会や大学が求めているものが単に勉強ができるだけではない、発想力豊かな人材であるとすると、これからの子どもたちには発想力を磨く教育が必要になると思います。しかし、そのためには発想力を伸ばす「遊び」が必要になります。なぜなら、豊かな発想力あふれる多くの人は、若いときに、そして大人になってからもよく遊ぶ人であったからです。つまり、発想力は「学び」によって身につく能力ではなく、「遊び」のときの自由でユニークな頭の働きによって身につくものなのです。

　パズルの特徴は、それが出題者からの遊びの誘いかけであるところにあります。みなさんもどうぞこのパズルを楽しんで（苦しんで？）、そして発想力を鍛えてください。

2018年6月吉日　松永暢史

もくじ
contents

はじめに　**P3**

この本の正しい解き方・5か条　**P12**

Part 1 パズルを解くときの「発想術」

1　反射型発想 ································ **P11**

　【問題】1・2　**P12**

　「反射型」発想とは　**P16**

2　注意型発想 ································ **P17**

　【問題】3・4　**P18**

　「注意型」発想とは　**P22**

3　想像型発想 ································ **P23**

　【問題】5・6　**P24**

　「想像型」発想とは　**P28**

4　分析型発想 ································ **P29**

　【問題】7・8　**P30**

　「分析型」発想とは　**P34**

Part 2 「反射型」発想の
パズル問題

【問題】9〜17 ·· **P36**

【問題】18
「反射型」発想力チェック ························ **P54**

Part 3 「注意型」発想の
パズル問題

【問題】19〜30 ·· **P60**

【問題】31
「注意型」発想力チェック ························ **P84**

Part 4 「想像型」発想の
パズル問題

【問題】32〜46 ················· **P92**

【問題】47
「想像型」発想力チェック ················· **P122**

Part 5 「分析型」発想の
パズル問題

【問題】48〜62 ················· **P126**

【問題】63
「分析型」発想力チェック ················· **P156**

おわりに **P163**

Part 1

パズルを解くときの「発想術」

発想力で解くパズル問題は、まず答えの手がかりとなる何かに「気づくこと」がスタートになります。本書では、この発想のおおもとを「4つの発想術」に分類。まずは実際にパズル問題を解きながら、この「発想術」を体感してみてください。

4つの発想術とは? 4 Inspiration Method

1 **Reflex**

反射型 発想

info 過去の経験・記憶から、直感的に答えを引っ張りだしてくるのが、「反射型」発想です。

2 **Attention**

注意型 発想

info 問題に隠されたカギを注意深く読み取って、それをヒントに考えていくのが、「注意型」発想です。

3 **Imagine**

想像型 発想

info 知識や経験でつなぎ合わせた問題のイメージを膨らませながら考えていくのが、「想像型」発想です。

4 **Analyze**

分析型 発想

info 問題をよく観察し、見つけだしたルールや法則をヒントに考えていくのが、「分析型」発想です。

Part 1 パズルを解くときの「発想術」

反射型発想

info 過去の経験・記憶から、直感的に答えを引っ張りだしてくるのが、「反射型」発想です。

基本問題 しりとり問題です。□に入る言葉は？

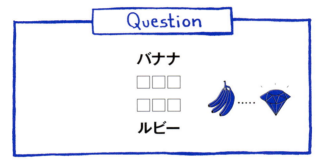

答えは「バナナ→なすび→ビール→ルビー」とか、「バナナ→なっぱ→パール→ルビー」などがあります。この問題を解くとき、まず「ナ」から始まる3文字の言葉を「ナ□□、ナ□□……」と言いながら、反射的に浮かんでくるのを待ちます。頭の中にある「よく使う言葉」を直感的に引っ張りだしてくるのが「反射型」発想です。ふだんでも、問題に直面したときは、その解決方法を直感的に見つけることはあります。私たちは過去の経験や記憶から何かを引っ張りだして、直感的に物事を判断したり、考えが反射的にパッと浮かんだりしているものなのです。

⚡ 反射型発想

前から読んでも後ろから読んでも同じ！

□にひらがなを入れて、前から読んでも後ろから読んでも同じになるようにしてください。

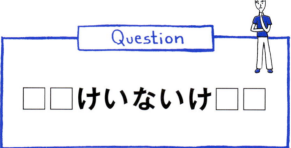

Question

□□けいないけ□□

📄 【この本の正しい解き方・5か条】

1. ヒントは手で隠して、すぐに見ないようにする。
2. ヒントはひとつずつ見て、そこでまた考える。
3. 最後のヒントでわからなくても、すぐに答えを見ない。
4. 5分考えて、それでもわからないときに初めて答えを見る。
5. 発想問題は、答えを見る前に自分で気づくことが大事。

Part 1 パズルを解くときの「発想術」

ヒント Hint

ヒントを手で上手に隠しながら、ひとつずつ見ていきましょう。

Level 1

1 まず、文章がどこで切れるかを考えましょう。

Level 2

2 「□□けいない」が区切りになっています。

Level 3

3 「□□けい」「ない」「け□□」という3つの言葉になります。

Level 4

4 最初に「か」を入れて、「か□けいないけ□か」。

答えはP15へ ➡

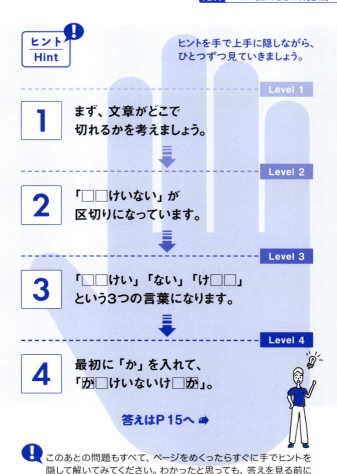

❗ このあとの問題もすべて、ページをめくったらすぐに手でヒントを隠して解いてみてください。わかったと思っても、答えを見る前にヒントで確認してください。

数字に隠された文字は?

文章から判断して、どの数字にどの文字（ひらがな）が入るかを推理してみましょう。ひとつの文章を見ていてもわからないので、他の文章と見比べて考える必要があります。

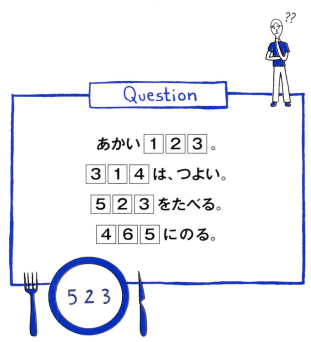

Part 1 パズルを解くときの「発想術」

ヒントを手で上手に隠しながら、
ひとつずつ見ていきましょう。

Level 1

1 ①②③に入るのは、
「りんご」「いちご」「トマト」のどれか。

Level 2

2 ③①④に入るのは、
動物です。

Level 3

3 ④⑥⑤は、砂漠で乗る
動物といえば、何でしょう。

Level 4

4 ①②③に入るのは、
「り」「ん」「ご」です

答えはP16へ ➡

| 解答 | 問題 **1** | 前から読んでも後ろから読んでも同じ! |

かん

「かんけいないけんか」(関係ないけんか)が答えになります。

15

「反射型」発想とは

いきなりですが、質問です。
1. 「か」から始まる言葉は？
2. 「まるい」ものといえば？
3. 「黒い」ものといえば？
4. 「怖い」ものといえば？
5. 「日本で一番高い山」といえば？

これらの質問に悩む人は、ほとんどいないと思います。ふだんから五感や心で感じる情報や定着した知識を瞬時に引き出す力が「反射型」発想です。この力は「思いつく」よりも「思い出す」に近いのですが、質問内容と自分の中にある情報を結びつける、発想の第一歩です。

頭の中で記憶情報は、ピラミッド型の階層に分かれています。頻繁に使う情報ほど上の階層にあり、広くたくさんの情報が眠る下の階層ほど、引き出すことが難しくなります。「反射型」発想では、自分が探す情報が上層階にどれほどあるかが問われます。好きなことや得意分野、仕事では担当分野や研究分野でしか発想が出ないのはこのためです。

「死ぬほど悩め！」と上司に言われた経験がある方もいるのではないでしょうか。これは単なる精神論ではなく、とても理に適っているのです。悩むこと、つまりひとつのテーマを考えることにより、それに関係する情報の出し入れが繰り返され、上層階に有益な情報が集まり、反射を助けるのです。「発想力がなくて……」と嘆く前に、まずはたくさん考えることが発想の基本なのです。

解答 **問題 2**　　　　　　　　　　　数字に隠された文字は？

1 ＝り、 2 ＝ん、 3 ＝ご、 4 ＝ら、 5 ＝だ、 6 ＝く

Part 1 パズルを解くときの「発想術」

2 Analyze 注意型発想

 問題に隠されたカギを注意深く読み取って、それをヒントに考えていくのが、「注意型」発想です。

基本問題 次の問題を解き明かせ！

> ### Question
>
> **ハチが飛んでいったのは、東か西か、はたまた、南か北か。どっちだ？**

　答えは「西」。なぜって、西がハチ（2×4＝8）だから。この問題を解くとき、どこかヘンだなあ、なんか怪しいぞ、と疑問に思ったら、もう正解の入り口にいます。ハチが飛んでいく方向なんかわかるわけない、と思ったら、何の発想も出てきません。声を出して問題を読むと、あっと気づくかもしれません。それが「注意型」発想です。

　問題に直面したとき、なんとなく違和感を覚え、どうも怪しいな、と思うことがあります。そういうとき、問題そのものをよく観察したり、よく考えたりすることで、それまで見えていなかった何か新しいことに気づくことがあります。これが「注意型」発想なのです。

注意型発想

隠れている動物を探せ!

Question

動物園から、動物が逃げ出しました。
キリンとサイ、それにトラ、
しかもライオンも逃げ出してしまいました。
さて、動物園から逃げた動物は
全部で何頭でしょうか。

Part 1　パズルを解くときの「発想術」

ヒントを手で上手に隠しながら、
ひとつずつ見ていきましょう。

-- Level 1

1 答えが4頭だったら、
問題になりませんね。

-- Level 2

2 一見、動物の名前でないところを
注意深く見てみましょう。

-- Level 3

3 3行目をもう一度、
注意して見てください。

-- Level 4

4 ひらがなに、
動物が1頭隠れています。

答えはP21へ ➡

おかしいところはどこ？

童謡『一年生になったら』は、よく考えるとおかしいところがあります。どこが、どのようにおかしいのでしょうか。

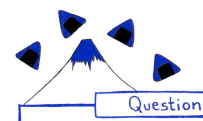

Question

いちねんせいになったら♪

いちねんせいになったら♪

ともだちひゃくにん できるかな♪

ひゃくにんで たべたいな♪

ふじさんのうえで おにぎりを♪

Part 1 パズルを解くときの「発想術」

ヒントを手で上手に隠しながら、
ひとつずつ見ていきましょう。

---- Level 1

1 言葉ではなく、
文章の意味を考えましょう。

---- Level 2

2 できるか、できないかは、
問題ではありません。

---- Level 3

3 歌詞の3行目と4行目に
注意して、見てみましょう。

---- Level 4

4 数がおかしくなっていることに
気づきましたか？

答えはP22へ ➡

解答 問題3　　　　　　　隠れている動物を探せ！

5頭（キリン、サイ、トラ、しか、ライオン）

21

「注意型」発想とは

ニュートンが木から落ちるりんごを見て、万有引力に気づいたという話があります。この「気づく」というプロセスが、発想には非常に大切です。日頃から力学を考えていたことは当然でしょうが、普通なら当たり前すぎて見落としてしまう自然現象に、ニュートンは「待った！」をかけたのです。これが「注意型」の発想です。

当然なことや、常識と思うことほど人は受け流します。何かに気づくためには、この受け流しをやめなければなりません。パズルや何かの出題であれば、初めから疑ってかかることは簡単ですが、ヒントが隠れているかどうかがわからない生活や仕事の問題で、何かに気づくのは容易なことではありません。

しかし、ふだんの生活の中でも「注意型」発想を磨くいい方法があります。目に留まるものに「？」をつけていくのです。たとえば、いつも出かけるスーパーで「特売はなぜいつも同じようなものなんだろう？」とか、「なぜジャガイモはいつも198円なんだろう？」など、考え始めると不思議なことだらけです。その多くは、ちゃんと理由があるので、何事にも当たり前と思わないように心がけ、その裏側に隠された理由を考えることが「注意型」発想を磨くうえで役立ちます。

解答　問題 4　　おかしいところはどこ？

1人だけ仲間はずれになっています

自分とともだちが100人なら、全員で101人になりますが、富士山の上でおにぎりを食べるのは100人。なぜか、1人少なくなっています。

Part 1 パズルを解くときの「発想術」

3 想像型発想

Imagine

info 知識や経験でつなぎ合わせて問題のイメージを膨らませながら考えていくのが、「想像型」発想です。

基本問題 次の問題、解けるかな？

Question

朝には四つ足、昼には二本足、夜には三つ足で歩くものは何か？

　これは「スフィンクスの謎」という有名な問題。答えは「人間」です。人間は赤ちゃんのときは四つ足ではいはいして、大きくなると二本足で歩き、老人になると杖をついて三つ足で歩くからです。朝昼夜が一生を表している、と思いつけば正解にぐっと近づきます。これが「想像型」発想というものなのです。

　問題に直面したとき、直感的に正解を思いつけば、「反射型」発想で解決できます。ところが、答えにたどり着かなかったときは、想像力を働かせて考えるのも、ひとつの解決方法になります。これが「想像型」発想です。

想像型発想

問題 **5** スカイツリーより高くジャンプ!?

Question

東京スカイツリーの高さは634mです。
さて、ふつうの人がスカイツリーより高く
ジャンプするためには、
どうすればいいでしょう?
ちょっとずるい答えや
道具を使った答えでもかまいません。

※複数解があります。

ヒントを手で上手に隠しながら、
ひとつずつ見ていきましょう。

----- Level 1

1 スカイツリーのてっぺんでジャンプする、
というのは無理なので不正解。

----- Level 2

2 現実的にありえることを
考えましょう。

----- Level 3

3 スカイツリーはジャンプしない、
というヒネリは、ここでは不要です。

----- Level 4

4 634mより高いところにいる
ことを想像してみましょう。

答えはP27へ ➡

問題 6 ボールをどうやって投げるの？

Question

通常は、ボールを投げると、あるていど飛んでから、そのあと落下します。

しかし、ある人がボールを投げたら、あるていど飛んでから、そのあと投げた人のほうにもどってきました。

壁にぶつかって、はね返ってきたわけではありません。だれかが投げ返してくれたわけでもありません。

さて、どんな投げ方をすれば、こうなるでしょう？

Part 1 パズルを解くときの「発想術」

ヒントを手で上手に隠しながら、
ひとつずつ見ていきましょう。

Level 1

1 この投げ方は、だれでも、どこでも、すぐにできます。

Level 2

2 自分で投げたボールは、ほかの人が捕ることもできます。

Level 3

3 どこに向かって投げるか、これがとても大事です。

Level 4

4 お手玉にヒントが隠されています。

答えはP28へ ➡

| 解答 | 問題 **5** | スカイツリーより高くジャンプ!? |

上空を飛んでいる飛行機の中でジャンプする、
634mより高い山の上でジャンプする……など

27

「想像型」発想とは

　頭の中で思い浮かべることは、人間にとって日常のことです。そのため、似たような言葉で溢れています。想像、空想、妄想、想起、発想、着想、連想など。「想像型」発想の「想像」とは、目的に向けてある条件や状況の中で思い浮かべることです。そうした枠がなく、ボーッと自動的に浮かんで広がるのは空想や妄想です。そして「発想」とは、その目的に導くためのアイデアです。想像の中からよいアイデアを生み出すためには、連想により想像を広げることが大切です。このとき、連想を引き出す力が「反射型」発想となります。つまり、課題のイマジネーションを反射的連想で広げ、アイデアを模索し、見つけだす方法が「想像型」発想なのです。身近な例を挙げれば、遊んでいる幼児の「いいこと思いついちゃった！」の「いいこと」がその発想です。目の前の遊びと、連想によってつながる何かを頭の中で組み合わせ、「面白そうだ」という結論に落とし込んだ瞬間です。

「想像型」は、発想のヒントを想像の中から見つけだします。そのため、発想力を高めるためには、想像の広さ、スピード、精度を上げる必要があります。そこで必要となるのが「連想力」です。とても単純な訓練ですが、一例をご紹介します。何でもいいので２つの言葉を決めます。ここでは「コップ」と「ゴルフ」にします。コップ→○○○→○○○→○○○→○○○→ゴルフとして、この間を連想で埋めます。たとえば、コップ→お茶→緑→グリーン→芝生→ゴルフ。このように、目につくものでスタートとゴールを決め、連想の練習を行うことと、「反射型」の説明と同様に自分の課題をたくさん考えることが、「想像型」発想を磨く方法です。

解答　**問題 6**　ボールをどうやって投げるの？

ボールを真上に向かって投げる

Part 1 パズルを解くときの「発想術」

分析型 発想

 問題をよく観察し、見つけだしたルールや法則をヒントに考えていくのが、「分析型」発想です。

基本問題 「ある」「ない」どっち？

> Question
>
> 見えすぎにあって、飲みすぎにない。
> シガーにあって、タバコにない。
> 教頭にあって、先生にない。
> ギフトにあって、プレゼントにない。
> 観光地にあって、繁華街にない。
> では、過当競争はどっち？

　答えは「ある」です。「ある」ほうの言葉には「都道府県名」が隠されています。上から順に、三重、滋賀、京都、岐阜、高知、そして東京。この問題を解こうと思ったとき、法則や共通点を探さなければなりません。問題の中にある言葉や文章、図などを細かく分析する必要があります。分析して何かに気づくのが「分析型」発想です。問題や悩み事に直面したとき、起こったことを時系列に並べたり、その原因をひとつずつ調べたりすることがあります。よく観察して分析していくと、まったく気づかなかった視点に気づくことがあります。それが「分析型」発想なのです。

分析型発想

問題 7 「？」に入るのはどれ？

「？」に入るのは次のうちどれでしょう。
1円　5円　10円　100円

Question

「いちご」にあって　「メロン」にない

「虹」にあって　「雨」にない

「サンタ」にあって　「トナカイ」にない

「クレヨン」にあって　「鉛筆」にない

「？玉」にあって　「シャボン玉」にない

Part 1 パズルを解くときの「発想術」

ヒントを手で上手に隠しながら、
ひとつずつ見ていきましょう。

Level 1

1 「ない」ほうは見ないで、
「ある」ほうだけを見てみましょう。

Level 2

2 言葉の意味は、
考えなくていいです。

Level 3

3 「ある」ほうの言葉に、
隠れた何かを見つけてください。

Level 4

4 上から下へ、
順番に並んでいます。

答えはP33へ ➡

「？」に入る数字は？

「？」に入る数字は何でしょう。

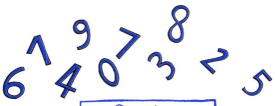

> **Question**
>
> 23 − 2 = 3
> 44 − 4 = 4
> 192 − 9 = 12
> では、
> 78 − 8 = ?

Part 1 パズルを解くときの「発想術」

ヒントを手で上手に隠しながら、
ひとつずつ見ていきましょう。

Level 1

1 引き算のように見えますが、
ホントの引き算よりかんたんです。

Level 2

2 計算するというより、
見たままの状態で考えましょう。

Level 3

3 23は「にじゅうさん」ではなく、
「2と3」と見ましょう。

Level 4

4 左の数字から、
右の数字を消してみましょう。

答えはP34へ ➡

| 解答 | 問題 7 | 「?」に入るのはどれ？ |

5円

あるほうの言葉には、「いちご」の「1」から順番に「かず」が入っています。

「分析型」発想とは

　発想力というと、問題や課題を一瞬で解決してしまう、一発大逆転の便利な力を思い浮かべる人もいるのではないでしょうか。しかし、注意型で述べた万有引力を発見したニュートンは、決して一瞬の閃きですべてを見切ったわけではありません。りんごからヒントを得たニュートンは、その後、実験、仮説、検証をどれほど繰り返し、現在の力学の基礎を築いたのでしょうか。

　この「実験→仮説」というプロセスには当然、発想が必要です。りんごのエピソードのように人々を驚かせる派手さはありませんが、科学者の多くは常にこの小さな発想を積み上げ、謎の解明や新たな発見を行うのです。

　実験や観察から、何らかのルールや法則、共通点に気づき、そこから仮設を立てる。これが「分析型」発想です。

　そもそも「分析」という言葉に引いてしまう方もいるかもしれませんが、気づくという点でいえば、決して特殊能力ではありませんし、注意型と違い、思い込みや見落としのトラップもありません。ただ、答えの近くまできているのに、検証が甘く通りすぎてしまう人が多いようです。

「分析型」発想を磨く第一歩として、気づいたことを書き出す練習をしましょう。そして、書き出した項目を見直し、最後まで検証を行ったかどうか確認をしてください。

　はじめは少し手間がかかりますが、慣れてくると、書かなくても頭の中で情報を整理でき、検証の際の見落としがなくなるようになるはずです。

解答　問題 **8**　　　　　　　　　　　　　　「？」に入る数字は？

7

前の数字から、数字そのものを取ります。

Part 2

「反射型」発想の
パズル問題

「**反**射型」発想とは、頭の中にある情報を問題のテーマに沿って、感覚的に引っ張りだすものです。「〜といえば？」という質問のように、文字、音、色、意味などで頭の中を検索する様子を体感してください。

ダブルアナグラム❶

関係ある2つの言葉が、バラバラになって混ざっています。その関係をヒントに並べ替えて、2つの言葉を答えましょう。

Question

Ⓐ めししんらかゃ

Ⓑ んんろでせしゃ

Part 2 「反射型」発想のパズル問題

ヒント / Hint

ヒントを手で上手に隠しながら、
ひとつずつ見ていきましょう。

Ⓐのヒント — Level 1

1 3文字と4文字の言葉です。

↓

Level 2

2 「か□□」と「し□□□」です。

Ⓑのヒント — Level 1

1 3文字と4文字の言葉です。

↓

Level 2

2 「せ□□」と「で□□□」です。

答えはP39へ ➡

37

問題 10 ダブルアナグラム❷

関係ある2つの言葉が、バラバラになって混ざっています。その関係をヒントに並べ替えて、2つの言葉を答えましょう。

Question

Ⓐ ばけこいんうつさ

Ⓑ らろかうしたうまめ

Part 2 「反射型」発想のパズル問題

ヒント / Hint

ヒントを手で上手に隠しながら、ひとつずつ見ていきましょう。

---- Ⓐのヒント ---- Level 1

1 4文字の言葉が2つです。

---- Level 2

2 「こ□□□」と「け□□□」です。

---- Ⓑのヒント ---- Level 1

1 2文字と7文字の言葉です。

---- Level 2

2 「か□」と「う□□□□□」です。

答えはP41へ ➡

解答 問題9　　ダブルアナグラム❶

Ⓐかめら、しゃしん　Ⓑせんろ、でんしゃ

虫くい文章クイズ ❶

文章の一部が隠されているクイズです。隠れている□の文字を推理して、答えを当てましょう。文章は、ひらがな、カタカナで書かれています。漢字を使ってはいけません。

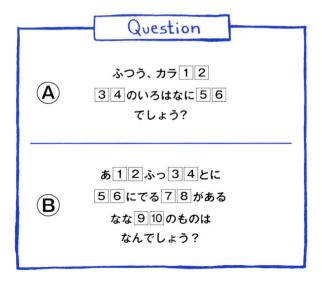

Part 2 「反射型」発想のパズル問題

ヒントを手で上手に隠しながら、
ひとつずつ見ていきましょう。

####### Ⓐのヒント　　　　　　　　　Level 1

1 　4は「ね」、5 6は「い」「ろ」です。

　　　　　　　　　　　　　　　Level 2

2 　2は「の」、3は「は」です。

####### Ⓑのヒント　　　　　　　　　Level 1

1 　4は「あ」、7 8は「こ」「と」、9は「い」。

　　　　　　　　　　　　　　　Level 2

2 　1は「め」、6は「ら」。

答えはP43へ →

| 解答 | 問題 **10** | ダブルアナグラム❷ |

Ⓐこうばん、けいさつ　Ⓑかめ、うらしまたろう

虫くい文章クイズ❷

文章の一部が隠されているクイズです。隠れている□の文字を推理して、答えを書きましょう。文章は、ひらがな、カタカナで書かれています。漢字を使ってはいけません。

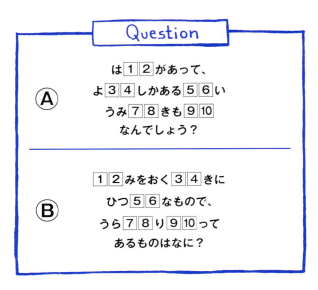

Part 2 「反射型」発想のパズル問題

ヒント
Hint

ヒントを手で上手に隠しながら、
ひとつずつ見ていきましょう。

Ⓐのヒント Level 1

1 7 8 は「の」「い」、9 10 は「の」「は」。

Level 2

2 1 は「さ」、3 4 は「こ」「に」、5 は「け」。

Ⓑのヒント Level 1

1 5 6 は「よ」「う」、9 10 は「が」「ぬ」。

Level 2

2 3 4 は「る」「と」、7 8 は「に」「の」。

答えはP45へ ➡

解答 問題 **11** 虫くい文章クイズ❶

Ⓐ**黒**（ふつう、カラスのはねのいろはなにいろでしょう?）Ⓑ**虹**（あめがふったあとにそらにでることがあるなないろのものはなんでしょう?）

43

回文問題❶

□にひらがなを入れて、上から読んでも下から読んでも同じになるようにしてください。こういう文を「回文」と言います。

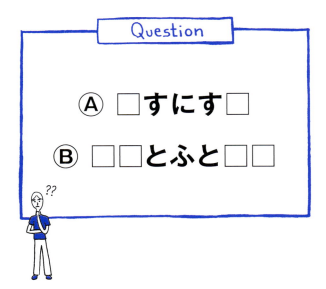

Part 2 「反射型」発想のパズル問題

ヒント Hint

ヒントを手で上手に隠しながら、ひとつずつ見ていきましょう。

Ⓐのヒント

Level 1

1 この回文は、「□すに」で切れます。

Level 2

2 2文字で「□す」という名詞と、「す□」という動詞になる言葉は？

Ⓑのヒント

Level 1

1 この回文は、「□□と」で切れます。

Level 2

2 最初の□に「ね」が入って、「ね□とふと□ね」。

答えはP47へ ➡

解答　問題12　　虫くい文章クイズ❷

Ⓐ**かに**（はさみがあって、よこにしかあるけないうみのいきものはなんでしょう?）　Ⓑ**郵便切手**（てがみをおくるときにひつようなもので、うらにのりがぬってあるものはなに?）

回文問題❷

□にひらがなを入れて、上から読んでも下から読んでも同じになるようにしてください。前問と同じように「回文」を作ります。

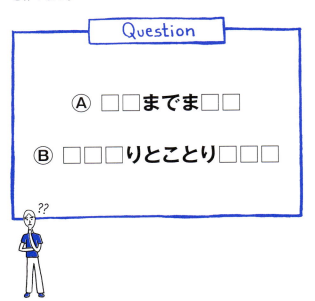

Part 2 「反射型」発想のパズル問題

ヒントを手で上手に隠しながら、
ひとつずつ見ていきましょう。

Ⓐのヒント　Level 1

1 この回文は、
「□□まで」がひと区切りです。

Level 2

2 最初の□に「な」が入って、
「な□までま□な」。

Ⓑのヒント　Level 1

1 この回文は、文頭の「□□□り」が
ひとつの言葉になっています。

Level 2

2 「りとことり」のふたつの「と」、
どちらかの「と」が and の意味です。

答えはP49へ ➡

解答　問題 **13**　回文問題❶

Ⓐる（留守にする）　Ⓑねる（寝ると太るね）

※別解にⒶな（ナスに砂）　Ⓑもも（桃と太もも）、よる（寄ると太るよ）、だう（ダウト不当だ）など。

同じ数字に同じ文字を入れて！❶

文章から判断して、どの数字にどの文字（ひらがなorカタカナ）が入るかを推理してみましょう。ひとつの文章を見ていてもわからないので、他の文章と見比べて考える必要があります。

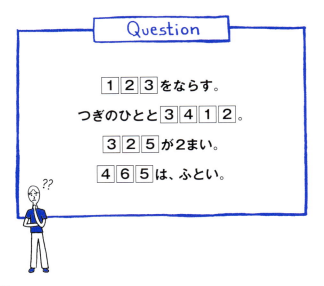

Part 2 「反射型」発想のパズル問題

ヒントを手で上手に隠しながら、
ひとつずつ見ていきましょう。

Level 1

1 ①②③に入るのは、
ならす楽器です。

Level 2

2 ①②に入るのは、
「た」「い」です。

Level 3

3 2枚あるのは50円？
それとも50セント？

Level 4

4 ①②③に入るのは
「た」「い」「こ」です。

答えはP51へ ➡

解答 問題 **14**　　　　　　　　　回文問題❷

Ⓐなつ（夏まで待つな）Ⓑにわと（にわとりと小鳥とわに）

※別解にⒶくる（車で丸く）、かつ（勝つまで待つか）Ⓑたけや（竹槍と小鳥焼けた）など。

問題 16 同じ数字に同じ文字を入れて！❷

文章から判断して、どの数字にどの文字（ひらがなorカタカナ）が入るか推理してみましょう。ひとつの文章を見ていてもわからないので、他の文章と見比べて考える必要があります。

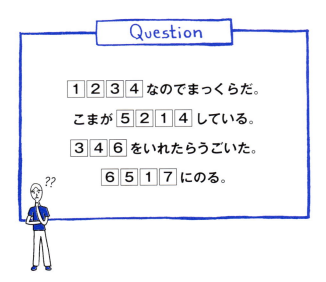

Question

1 2 3 4 なのでまっくらだ。

こまが 5 2 1 4 している。

3 4 6 をいれたらうごいた。

6 5 1 7 にのる。

Part 2 「反射型」発想のパズル問題

ヒントを手で上手に隠しながら、
ひとつずつ見ていきましょう。

Level 1

1 1234の1には「て」が入ります。

Level 2

2 こまは正月に遊ぶ「こま」です。

Level 3

3 346はおもちゃやゲームを想像してみてください。

Level 4

4 1234に入るのは「て」「い」「で」「ん」です。

答えはP53へ ➡

解答 問題 **15**　　　同じ数字に同じ文字を入れて！❶

（1から順番に）たいこうんど

51

8文字の言葉を作れ!

下の文字を並び替えて「8文字の言葉」を作ってください。

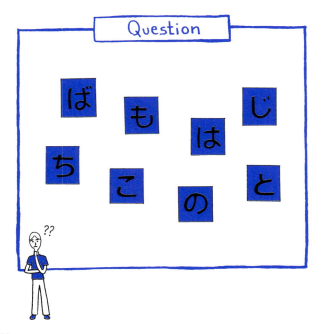

Part 2 「反射型」発想のパズル問題

ヒントを手で上手に隠しながら、
ひとつずつ見ていきましょう。

Level 1

1 だれでもわかるような簡単な言葉です。

Level 2

2 答えは、問題を読めば
すぐに気がつく言葉です。

Level 3

3 作るのは「8文字の言葉」です。

Level 4

4 「は」から始まる言葉です。

答えはP55へ ➡

| 解答 | 問題 **16** | 同じ数字に同じ文字を入れて！❷ |

（1から順番に）ていでんかちつ

53

問題 18 「反射型」発想力チェック

5min

5文字の中から4つを選んで並べ替え、「4文字の言葉」を作るときに、1文字だけ余計な文字があります。その文字を探して、○をつけましょう。「4文字の言葉」を作るときは、左側に書いてある「テーマ」に合う言葉にしなければなりません。制限時間5分。

1 うんどう　| こ | し | っ | け | か |

2 ばしょ　| ま | す | は | な | し |

3 だいどころ　| い | ま | だ | た | な |

4 どうぐ　| う | こ | そ | じ | き |

5 うんどう　| ひ | き | つ | お | な |

6 ばしょ　| ゆ | う | え | ん | こ |

Part 2 「反射型」発想のパズル問題

7 うんどう | の | ぼ | り | き | る

8 まちのなか | し | ご | ん | え | う

9 おやつ | い | ら | や | き | ど

10 どうぐ | こ | ん | う | く | ば

11 どうぐ | し | る | ぶ | ら | は

12 だいどころ | り | ん | う | ど | ぶ

13 おやつ | の | き | も | い | や

解答 | **問題17**　　　　　　　　8文字の言葉を作れ！

はちもじのことば

問題にも書かれている「8文字の言葉」が答えです。

14 うんどう 　いまみれた

15 どうぐ 　こうのぎり

16 あそび 　だけまんわ

17 たべもの 　カムツオレ

18 うんどう 　ひおよぎせ

19 やさい 　じにらんん

20 たべもの 　にりくぎお

Part 2 「反射型」発想のパズル問題

解答 問題 **18**

「反射型」発想力チェック

1 し（かけっこ）

2 し（すなはま）

3 だ（まないた）

4 こ（そうじき）

5 お（つなひき）

6 ゆ（こうえん）

7 る（きのぼり）

8 え（しんごう）

9 い（どらやき）

10 う（こくばん）

11 る（はぶらし）

12 う（どんぶり）

13 の（やきいも）

14 み（たまいれ）

15 う（のこぎり）

16 わ（けんだま）

17 カ（オムレツ）

18 ひ（せおよぎ）

19 ら（にんじん）

20 く（おにぎり）

57

☆ 「反射型」発想力の評価（S〜D）

20点：S（最優秀）／17〜19点：A（優秀）／
14〜16点：B（普通）／11〜13点：C（力不足）／
10点以下：D（問題あり）

「反射型」発想力のある人は機転が利く！

「赤いもの」と言われて、りんご、トマト、イチゴ、さくらんぼ、ポストなど、瞬時に出てくるのが反射型の発想です。しばらくすると、なかなか出なくなり、「生き物で赤いものは？」などとカテゴリー別に考え始め、「想像型」発想に変わります。「反射型」はとても小さな発想ですが、もっとも日常的でたくさん用いる発想といえます。頻繁に出し入れする記憶情報ほどすぐに引き出せるのですが、人により得意分野は違います。音楽家なら「楽しいメロディ」と言われれば反射的に明るい曲が出てくるでしょうし、芸術家なら「春の風景」と言われれば、いくつかの絵がすぐに浮かぶでしょう。ここでは、多くの人が関係する「日本語」を中心に出題し、「反射型」発想を体験してもらいました。この発想は頭に負担がかからないので楽なのですが、レベルを上げるのはかなり大変で時間がかかります。知識と経験を一歩ずつ積み重ね、すぐに手が届く記憶情報を増やすしかありません。

問題18の最終テストでは単語限定ですが、これを日本語全般の目安として「反射型」発想力を評価させてもらいました。上位者ほどふだんから人とよく話したり、読み書きする機会が多く、情報の出し入れを頻繁に行っています。「反射型」発想は機転だけでなく、たくさんのアイデアを生むための大切な能力です。B以下の方や反射型が苦手と思う方は、身につけたい分野の情報を会話や記述、体験で何度も出し入れすることが重要です。使うのは便利で簡単だけれど、鍛えるのはもっとも過酷といえるのが「反射型」発想なのです。

Part 3

「注意型」発想の
パズル問題

「**注**意型」発想とは、意図的に問題の中に隠されたカギを注意深く探しあて、それをヒントに答えを出すものです。ここでは素直な気持ちを捨て、すべてを疑って考えてください。

使う発想				制限時間	小学生の正解率
Reflex -%	Attention 80%	Imagine 20%	Analyze -%	1min	低 80% / 高 90%

問題 19 何人隠れてるの？

Question

6人が集まって、かくれんぼをしています。
さいしょに、Aくんが見つかってしまいました。
つぎに、BくんとCさんが
いっぺんに見つかってしまいました。
さて、まだ隠れているのは何人でしょう？

Part 3 「注意型」発想のパズル問題

ヒント / Hint

ヒントを手で上手に隠しながら、
ひとつずつ見ていきましょう。

Level 1

1 かくれんぼのルールを
しっかり思い出してみましょう。

Level 2

2 見つかった人は3人、
あと3人いるけど……。

Level 3

3 隠れているのは、DくんとEくんとFくん？

Level 4

4 ひとりだけ、特別な役の人がいます。

答えはP63へ ➡

間がいちばん
はなれている木は？

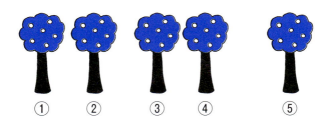

① ② ③ ④ ⑤

Part 3 「注意型」発想のパズル問題

ヒントを手で上手に隠しながら、
ひとつずつ見ていきましょう。

Level 1

1 答えは、④と⑤ではありません。

Level 2

2 「いちばんはなれている」の意味に
注意しましょう。

Level 3

3 少しのはなれかたではありません。
大きくはなれています。

Level 4

4 ①の木といちばんはなれている木は？

答えはP65へ ➡

| 解答 | 問題 **19** | 何人隠れてるの？ |

2人

6人でかくれんぼをすると、1人がオニ、残りの5人が隠れる人になります。
3人見つかったのですから、まだ隠れているのは2人。

63

「電気をつけて」と言った人は?

文章をよく読んで答えてください。

世界のいろいろな国の人があつまって、
パーティをしています。
とつぜん停電になり、
部屋が真っ暗になってしまいました。
このとき、いちばん最初に「電気をつけて!」
と言った人がいましたが、どこの国の人でしょう?

Part 3 「注意型」発想のパズル問題

ヒントを手で上手に隠しながら、
ひとつずつ見ていきましょう。

Level 1

1 このパーティに参加しているつもりで
考えてみましょう。

Level 2

2 パーティの参加者は、
口々に同じことを叫んだかもしれません。

Level 3

3 たとえば、アメリカ人なら英語で
言ったでしょう。

Level 4

4 「電気をつけて！」と
言えるのはどこの国の人？

答えはP67へ ➡

解答 問題**20** 間がいちばんはなれている木は？

① と ⑤

自分がひっかかっているかもしれないと思うことが大切です。

65

使う発想				制限時間	小学生の正解率
Reflex -%	Attention 70%	Imagine 10%	Analyze 20%	3min	低 60% 高 78%

問題 22

果物の重さは？

Question

バナナ、りんご、みかんが1つずつあります。
はかりが1つあります。はかりには、果物を1回だけのせることができます（いくつのせてもかまいません）。
3つの果物の、それぞれの重さを知るためには、どうすればいいでしょう？

ヒントを手で上手に隠しながら、
ひとつずつ見ていきましょう。

Level 1

1 3つを一度にのせれば、3つ合わせた重さが
わかります。ここから考えましょう。

Level 2

2 3つをのせたところから、
バナナをとったら、どうなりますか？

Level 3

3 のせるのが1回だけで、
はかるのは1回ではありません。

Level 4

4 2つとったら、
残った果物の重さになりますね。

答えはP69へ ➡

解答 問題 **21**　　　「電気をつけて」と言った人は？

日本の人

「電気をつけて」は日本語なので、それを言ったのは日本の人。日本語を話せる人はほかにもいるので、正しくは「日本の人である可能性が高い」が正解です。

67

安全な部屋はどれ？

3つの部屋があります。どれかひとつを選んで、部屋に入らなければなりません。なんの準備もしないで入るとしたら、どの部屋がいちばん安全でしょう？　理由も考えましょう。

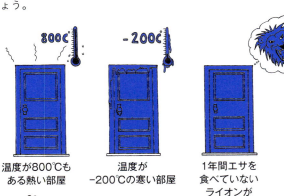

温度が800℃もある熱い部屋

温度が-200℃の寒い部屋

1年間エサを食べていないライオンが100頭もいる部屋

Part 3 「注意型」発想のパズル問題

ヒントを手で上手に隠しながら、
ひとつずつ見ていきましょう。

Level 1

1 寒ければ何か着ればいいけど、
−200℃はどうだろう？

Level 2

2 まだだれも入ったことはないだろうけど、
ひとつだけ安全そうな部屋があります。

Level 3

3 部屋の中を
よくイメージしてみましょう。

Level 4

4 人も動物も、
何も食べなければどうなりますか。

答えはP71へ ➡

解答 問題 **22** 　　　　　　　　　　　　　　果物の重さは？

3つの果物を一度にはかりにのせ、ひとつずつとっていきます

まずバナナをとれば、はかりにはりんごとみかんの重さが表示。バナナの重さ＝3つの果物の重さ−りんごとみかんの重さ。次に、りんごをとれば、みかんの重さが表示。りんごの重さ＝りんごとみかんの重さ−みかんの重さ。

丸いケーキの切り方は？

下の図のような丸いケーキがあります。これをナイフで何回か切ります。切るときは、切り口が一直線になるように切らなければなりません。さて、ナイフで「3回」切ると、ケーキは最大でいくつに分けられるでしょう？ また、どのように切ればいいでしょう？ 切り方と数を答えてください。大きさ、形はすべて同じでなければなりません。

Part 3 「注意型」発想のパズル問題

ヒントを手で上手に隠しながら、
ひとつずつ見ていきましょう。

--- Level 1

1 ふつうに切ると6個ですが、
答えはもちろん「6」ではありません。

--- Level 2

2 ケーキは、円ではなくて
円柱であることに意味があります。

--- Level 3

3 上から切る以外に、切る方法は？

--- Level 4

4 3回目は、真横から切ってみましょう。

答えはP73へ ➡

| 解答 | 問題 **23** | 安全な部屋はどれ？ |

1年間エサを食べていないライオンが100頭もいる部屋

1年間エサを食べていないので、ライオンは1頭も生きていないことになります。

ニセモノはどれ？

ふしぎなアイテムを売っている店があります。3つのアイテムを売っていますが、このなかで、見てすぐに「ぜったいニセモノだ」とわかってしまうものがあります。どれでしょう？

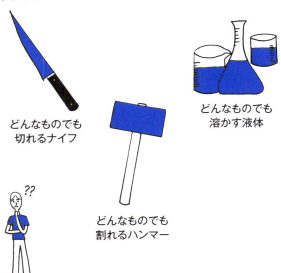

どんなものでも切れるナイフ

どんなものでも割れるハンマー

どんなものでも溶かす液体

Part 3 「注意型」発想のパズル問題

ヒントを手で上手に隠しながら、
ひとつずつ見ていきましょう。

--- Level 1 ---

1 実際にアイテムを使わなくても、
おかしいことに気づきます。

--- Level 2 ---

2 絵にヒントが隠されています。

--- Level 3 ---

3 答えはハンマーではありません。

--- Level 4 ---

4 すでにその効果が表れていなければ
ならないものがあります。

答えはP75へ ➡

解答 問題 24　　　　　丸いケーキの切り方は？

上から2回切ると4個になり、3回目に真横から切ると、
その倍の8個になります

問題
26

カードを並べて
小さい数を作って！

表と裏に何も書いてない、白いカードが6枚あります。このカードの表に、それぞれ012345と数字を書きました。カードを横一列に並べて作れる、いちばん小さい数はいくつでしょう？ カードは全部使わなければなりません。

ヒントを手で上手に隠しながら、
ひとつずつ見ていきましょう。

Level 1

1 答えが「012345」では
ひねりがありません。

Level 2

2 カードは横向きに使ったりしませんし、
計算もしません。

Level 3

3 6枚の白いカードがあり、
その表に「012345」と書きました。

Level 4

4 「012345」のカードの裏は
どうなっていますか。

答えはP77へ ➡

解答　問題25　　　　　　　　　　ニセモノはどれ？

どんなものでも溶かす液体
どんなものでも溶かすのなら、液体を入れる容器そのものも溶けてしまいます。

使う発想				制限時間	小学生の正解率

Reflex -% / Attention 80% / Imagine 20% / Analyze -% / 3min / 低 40% 高 55%

問題 27 どうやってボタンを見つけたの？

文章をよく読んで、答えてください。

> ### Question
>
> Aさんは、黒い服を着て、黒いパンツをはき、黒いぼうしをかぶって、ひとりで外に立っています。
> 気がつくと、服の黒いボタンが1つとれて、地面に落ちてしまいました。しかし、Aさんは、すぐにボタンを見つけることができました。周りには電気もついてないし、ほかのひとや車もありません。
> なぜAさんはボタンを見つけられたのでしょう？

Part 3 「注意型」発想のパズル問題

ヒントを手で上手に隠しながら、
ひとつずつ見ていきましょう。

Level 1

1 思い込んでしまっていることはありませんか？

Level 2

2 「月の光で明るかった」
と考えるのは間違いです。

Level 3

3 黒いボタンが落ちたのは「地面」です。

Level 4

4 夜だったら、
ボタンは見つけにくいでしょうね。

答えはP79へ ➡

 解答　問題 26　　　カードを並べて小さい数を作って！

0

「0」のカードだけ表に向けて、あとのカードはぜんぶ裏返しにすれば、0になります。

バスを運転するのは大変だ？

文章をよく読んで答えてください。

Question

あなたはバスの運転手です。
バスに、運転手もいれて9人乗っています。
つぎのバス停で、4人が降りて、2人が乗ってきました。
つぎのバス停で、2人が降りて、31人が乗ってきました。
最後のバス停で、おばあさんが1人降りましたが、
降りるときに『今日は良い天気ですね』と
はなしかけてきました。
おばあさんがバス停から歩きはじめたのを見てから、
時計を見ると、ちょうど夕方の6時でした。
さて、バスの運転手の年齢はいくつでしょうか？

Part 3 「注意型」発想のパズル問題

ヒントを手で上手に隠しながら、
ひとつずつ見ていきましょう。

Level 1

1 ほとんどの文章は、
問題を答えるのに関係ありません。

Level 2

2 問題に出てくる数字を足すのは、
まったく意味のないことです。

Level 3

3 もう一度、声に出して
問題を読んでみてください。

Level 4

4 1行目に注目してください。

答えはP81へ ➡

| 解答 | 問題 **27** | どうやってボタンを見つけたの？ |

昼間だったから

文章には、今の時間は書かれていません。「今は夜だ」と思い込んでしまうと、問題のワナにはまってしまいます。文章は、思い込みをせずに読むことが大切です。

問題 29 ロープを使って無人島まで行くには？

真ん中に無人島が浮いている湖があります。この無人島には木が1本生えています。また、湖のほとりにも木が1本生えています。湖はとても深く、木から木まで80メートルあります。湖を渡って、ほとりから無人島まで行こうと思っている人がいますが、この人は泳げません。ただし、300メートルのロープを1本持っています。さて、どうすれば無人島まで行けるでしょう？

ヒントを手で上手に隠しながら、
ひとつずつ見ていきましょう。

Level 1

1 湖のほとりの木と無人島の木をなんとかして、ロープでつなぐ方法を考えてください。

Level 2

2 持っているロープがとても長いことが、大きな意味をもっています。

Level 3

3 海ではなく、湖だからこそできるワザです。

Level 4

4 湖のほとりの木にロープの片端をしばって、反対の端を持って動いてみましょう。

答えはP83へ ➡

| 解答 | 問題 **28** | バスを運転するのは大変だ？ |

あなたの年齢

問題の最初に「あなたはバスの運転手」とあるので、運転手＝自分の年齢になります。この問題は口で言われると、ほとんどの人がとまどってしまうようです。

問題 30 最初に火をつけるのは どれ？

Question

冬山登山をしていて、突然の吹雪で遭難してしまいました。不幸中の幸いというか、近くに山小屋を発見。寒さに凍えて中に入ると、そこには暖炉用の枯れ木、新聞紙、ロウソク、石油ランプ、木炭ストーブがありました。ところが、手元にはマッチ棒が1本しかありません。まず、何に火をつけたらいいでしょうか？

Part 3 「注意型」発想のパズル問題

ヒントを手で上手に隠しながら、
ひとつずつ見ていきましょう。

Level 1

1 いきなり暖炉用の枯れ木、木炭ストーブに
火をつける、と考えた人はいないでしょう。

Level 2

2 ふたつとも答えではありません。
残されたものは、火がつきそうですが……。

Level 3

3 残念ながら、新聞紙、ロウソク、
石油ランプも答えではありません。

Level 4

4 まだ、肝心なものがあります。
まず、これを使わないと……。

答えはP85へ ➡

解答 問題 **29**　　ロープを使って無人島まで行くには？

湖のほとりの木にしばったロープを持って湖を一周すれば、ロープを無人島の木に引っかけることができます。それからロープをたどっていけば、湖を渡って無人島へ行くことができます。

「注意型」発想力チェック

5min

次の問題文が正しければ○、間違っていれば×と瞬間で判断して答えましょう。全部で20問あるので、紙などを用意して○×を書いていってください。答え合わせは、20問が終わってからです。制限時間は5分。

1 ふつうの人は、右手で、右の手首をつかむことはできない。

2 タクシーはふつう手で止めるが、足で止める人もおおぜいいる。

3 ボウリングはピンを投げて、ボールをたおす遊びである。

4 夏に魚を冷蔵庫に入れないで、1カ月ほっておいたら、くさってしまう。

5 本物のピストルで撃ったタマを、ぜんぜんケガをしないで、素手でとることができる。

6 ふつうのじゃんけんで、グーをだして勝ったとき、相手の指の数は、必ず2本である。

7 トランプには4つのマークがあるが、ジョーカーを抜いたトランプを5枚引いたら、同じマークが必ず2枚はそろう。

8 最後にゴールしたら勝ち、というスポーツは、ない。

9 日本で造られている硬貨（コインのお金）は、記念硬貨をのぞけば、6枚である。

解答 問題 30　　最初に火をつけるのはどれ？

マッチ棒

ノーヒントで正解できた人は、素晴らしい「注意型」発想力の持ち主です。

10 世界中にいる鳥の半分以上は、卵を産まない。

11 強く息を吹くと、ロウソクが消えることがある。

12 ラジオでテレビは見られないが、テレビでラジオを見られる。

13 飛行機からパラシュートをつけずに降りると、必ずケガをしてしまう。

14 1万円札を拾って交番に届けなかったら、罪になる。

15 「塩」より甘い「砂糖」もある。

Part 3 「注意型」発想のパズル問題

16 バスは、人がだれも乗っていなくても、出発することがある。

17 人がだれも乗っていないタクシーもある。

18 昔話「桃太郎」で、桃太郎が最初に出会ったのは、犬である。

19 生まれた「年」「月」「日にち」が、全員同じである家族は、ぜったいにない。

20 6時間のあいだ、1回もまばたきしない人間はたくさんいる。

87

解答 問題 **31**

「注意型」発想力チェック

1 ✗ 自分の手首ではなく、
ひとの手首ならつかめます。

2 ◯ タクシーの運転手は、
足でブレーキを踏んで止めます。

3 ✗ ボウリングはボールを投げて、
ピンをたおします。

4 ✗ 海や水槽で生きている魚は、
くさりません。

5 ◯ 撃ったあと、地面に落ちたタマなら、
かんたんに手でとることができます。

6 ✗ チョキで「たてている指の数」ではないので、
ふつう指の数は片手で5本です。

7 ◯ マークは4つしかないので、4枚目までマークが
バラバラでも、5枚目で必ずそろいます。

8 ✗ サッカーやバスケットボールなど、最後にゴール→
点をとったほうが勝ち、ということはあります。

9 ✗ 6種類ですが、6枚ではありません。
1円玉だけでも何百億枚も造られています。

10 ◯ ヒナやオスの鳥は、卵を産みません。

88

Part 3 「注意型」発想のパズル問題

11 ✗ ロウソクの「火」が消えることはありますが、ロウソクまで消えてしまうことはありません。

12 ◯ たとえば「ラジオの歴史」という番組があったら、テレビ画面にラジオが映ります。

13 ✗ ふつうに着陸した飛行機から降りるなら、パラシュートはいりません。

14 ✗ 自分で落とした1万円札を自分で拾うのは、悪いことではありません。

15 ◯ 砂糖はふつう甘いものです。

16 ✗ 運転手が乗っていないのに出発することはありません。

17 ◯ 駐車場などにタクシーを止めて、運転手が外に出ることもあります。

18 ✗ おじいさんとおばあさんです。

19 ✗ 夫婦だけの家族なら、まったく同じ日に生まれたということもあります。

20 ◯ 眠っているあいだは、ずっと目を閉じているので、まばたきはしません。

☆ 「注意型」発想力の評価（S〜D）

**19〜20点：S（最優秀）／17〜18点：A（優秀）／
14〜16点：B（普通）／11〜13点：C（力不足）／
10点以下：D（問題あり）**

「注意型」発想力のある人は鋭い！

「自分が抱える問題を何度も考えているうちに、ふと見落としたものに気づいた」——この「ふと」は何度も考えるうちに、反射型までたどり着いて起きる現象で、前述したとおり時間と労力を要します。これをギュッと縮めるための発想が「注意型」発想です。ただし、使える条件は「見落とし」や「思い込み」、つまり引っかけが問題に隠されている場合です。社会や仕事上の問題にそれらが隠されているかどうかはわかりませんし、半信半疑では見つかるものも見つかりません。まずは、初めから隠してあると明言されたパズル問題で、この発想を体験してもらいました。

「注意型」発想問題を解くコツは問題を読み流さず、すべてを疑って考えることです。余分に見える説明、回りくどい表現、意味ありげな図など、怪しい部分を丁寧にかみ砕きながら読み解きます。普通に考えて出した答えも違うのでは？と疑います。そこで自分の見落としや思い込みに気づけば成功です。

　問題31の最終テストは、パズル特有の書かずに思い込ませる問題です。自分の思い込みを払拭できたでしょうか。上位者は、いわゆる鋭い人です。答えの理由までわかるという方は、仕事や生活の中でも役立っているはずです。たとえば会話や説明を受けるときに、おかしな部分や説明が不足している部分に鋭く切り込めますし、「ふと」を待たなくても見落としや思い込みを蹴散らすことができます。B以下の方や注意型が苦手と思う方は、時には素直さを捨て、問題を疑ってみたり、自分の思い込みを考え直してみたりする練習をしてください。

Part 4

「想像型」発想の
パズル問題

「**想**像型」発想とは、イメージ化と連想で答えを導き出すものです。正確なイマジネーションと柔軟な連想力が問われます。正解することよりも、いろいろと連想することが大切です。

「あるもの」の正体は？

「あるもの」についての文章です。「あるもの」は何でしょう？

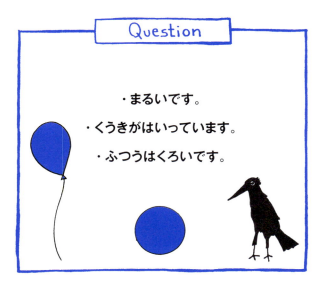

Part 4 「想像型」発想のパズル問題

ヒント Hint

ヒントを手で上手に隠しながら、ひとつずつ見ていきましょう。

--- Level 1 ---

1 まわります。

--- Level 2 ---

2 赤い光の前では、止まります。

--- Level 3 ---

3 これだけを使うことは、あまりありません。

--- Level 4 ---

4 自動車になくてはならないものです。

答えはP95へ ➡

ドリルの穴の形は？

まるいドリルで穴をあけると、まるい穴があきます。では、下のようなちょっとかわった三角形で穴をあけると、どのような形の穴があくでしょう？

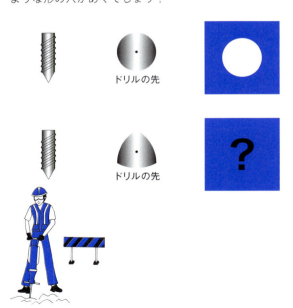

ドリルの先

Part 4 「想像型」発想のパズル問題

ヒントを手で上手に隠しながら、
ひとつずつ見ていきましょう。

Level 1

1 ドリルが回転しているところを想像してみてください。

Level 2

2 三角形のドリルの絵をよく見て、いちばん外側の動きを考えてみましょう。

Level 3

3 ドリルが回転するとき、三角形のとがった3カ所はどうなっているか、考えてみましょう。

Level 4

4 どんなドリルでも、回転させると同じ穴の形になります。

答えはP97へ ➡

解答　問題 **32**　　　　　　　　「あるもの」の正体は？

タイヤ

95

問題 34 「食べもの」の正体は？

ふだん、食べている「食べもの」についての文章です。「食べもの」は何でしょう？

Question

この食べものは、1回の食事で1000や2000といった、たくさんの数を食べます。

Part 4 「想像型」発想のパズル問題

ヒントを手で上手に隠しながら、
ひとつずつ見ていきましょう。

---------- Level 1

1 日本人なら多くの人が、毎日食べています。

---------- Level 2

2 1000や2000といっても、ものすごく量が多いわけではありません。

---------- Level 3

3 ひとつひとつは、食べものとしてはとても小さなものです。

---------- Level 4

4 お茶碗1杯で、だいたい2300〜2700粒になります。

答えはP99へ ➡

解答 問題33　　　　　　　　　ドリルの穴の形は？

まるいドリルと同じ形になります

まるいドリルも三角形のドリルも、先端は回転しているので、同じまるい形になります。

97

消えなかったロウソクは何本？

> Question
>
> ロウソクが7本あります。このロウソクは、火をつけてから、1時間ぐらいで燃えつきて、なくなります。7本のロウソクに、ほぼ同時にマッチで火をつけました。風が吹いて、2本のロウソクの火が消えました。それからあとは、火が消えたり、つけなおしたりしませんでした。
> さて、火をつけてから、2時間たったとき、ロウソクは何本のこっているでしょうか？
>
>

Part 4 「想像型」発想のパズル問題

ヒントを手で上手に隠しながら、ひとつずつ見ていきましょう。

--- Level 1

 風が吹いたあと、ロウソクはこうなっています。

--- Level 2

2 時間がたつと、こうなります。

--- Level 3

 ということは、5本が燃えつきて……。

答えはP101へ ➡

解答 問題 34 　「食べもの」の正体は？

お米（ごはんつぶ）

お茶碗1杯で2300〜2700粒も入っているなんて驚きですね。ほかにたくさん食べるものとして「たらこ」などもあります。

99

問題 36 どんな方法で支払ったの？

文章をよく読んで答えましょう。

Question

Aさんは、消費税込み1万円の商品を買うのに、なぜか1万1千円を出して、おつりをもらいました。おかしなことに聞こえますが、店員さんもAさんもとくにふしぎなことだと思っていません。
さて、Aさんはなぜこんなお金の支払い方をしたのでしょうか？

Part 4 「想像型」発想のパズル問題

ヒントを手で上手に隠しながら、
ひとつずつ見ていきましょう。

------- Level 1

1 Aさんは1万円札を持っていたのでしょうか？

------- Level 2

2 1万円札を持っていたら、
こんな支払い方はしません。

------- Level 3

3 Aさんは、5千円札を1枚は持っていました。

------- Level 4

4 Aさんは5千円札1枚のほかに、
いくらのお札を持っていたのでしょう。

答えはP103へ ➡

| 解答 | 問題 **35** | 消えなかったロウソクは何本？ |

2本

火がついているロウソクの数ではありません。

101

問題 37 写真の人はだれ？

下の文章を読んで、写真の人物を当ててください。

Question

Aさんが1枚の写真を見て、言いました。
「この写真には、男のひとがひとりだけ写って
いますが、この人は、わたしのお父さんの息子です」
Aさんのお父さんはひとりですし、
Aさんはひとりっ子です。
Aさんはウソをついてはいません。

Part 4 「想像型」発想のパズル問題

ヒントを手で上手に隠しながら、
ひとつずつ見ていきましょう。

Level 1

1 ウソをついてはいませんが、かんたんなことをわざとややこしく言っています。

Level 2

2 Aさんはひとりっ子ですから、男はお父さんとAさんだけです。

Level 3

3 ということは、写真の人物はお父さんかAさんのどちらかです。

Level 4

4 わたしのお父さんの息子とは、だれのことですか？

答えはP105へ ➡

解答 問題**36**　　どんな方法で支払ったの？

5千円札1枚と、2千円札3枚しか持っていなかった

そういえば、2千円札はすっかり見なくなってしまいました。近い将来、2千円札を知らない人も出てきそうですね。

103

白いカードは何枚？

表が白で、裏が黒いカードが4枚あります。
ぜんぶ白を上にして、重ねました。
まず、上の2枚をひっくり返しました。
つぎに、ぜんぶをまとめてひっくり返しました。
さいごに、上の3枚をひっくり返しました。
さて、上が白いカードは何枚あるでしょう？

Part 4 「想像型」発想のパズル問題

ヒントを手で上手に隠しながら、
ひとつずつ見ていきましょう。

---------------------------------- Level 1

1 上の2枚をひっくり返すと、
上の2枚だけ黒になります。

---------------------------------- Level 2

2 4枚のカードは、
上から「黒黒白白」になっています。

---------------------------------- Level 3

3 次に、ぜんぶをひっくり返すと、
「黒黒白白」は……やはり「黒黒白白」です。

---------------------------------- Level 4

4 最後に上の3枚をひっくり返すと、
「黒黒白白」は「白白……」になります。

答えはP107へ ➡

| 解答 | 問題 **37** | | 写真の人はだれ？ |

Aさん

「わたしのお父さんの息子」とは、ややこしい言い方ですが、つまりは自分のことです。

ズバリいくつ？

下のアルファベットの数を推理して、足し算の答えを当ててください。

Question

2 + 5 + A + K = ?

Part 4 「想像型」発想のパズル問題

ヒントを手で上手に隠しながら、
ひとつずつ見ていきましょう。

-- Level 1

1 A、Kと数字を結びつけるものを考えましょう。

-- Level 2

2 Aは1桁、Kは2桁です。

-- Level 3

3 Q、Jも加わります。

-- Level 4

4 これで遊んだことがあるはずです。

答えはP109へ ➡

| 解答 | 問題 38 | 白いカードは何枚？ |

3枚

「黒黒白白」から、上の3枚をひっくり返すのですから、上から「白白黒白」
になります。

107

「あるもの」の正体は？

次のことに当てはまる「あるもの」とは何でしょう。数字の順番に使うものです。

Question

1. すわる
2. まわす
3. すすむ
4. とまる
5. おりる

Part 4 「想像型」発想のパズル問題

ヒントを手で上手に隠しながら、
ひとつずつ見ていきましょう。

Level 1

1 たいていの家に
あるものです。

Level 2

2 人よりも
少し大きいものです。

Level 3

3 「まわす」というのはふつう、
足でまわします。

Level 4

4 子どもから大人まで乗る
乗り物です。

答えはP111へ ➡

 解答　問題 **39**　　　　　　　　ズバリいくつ？

21

AとKはトランプの数字を表しています。A＝1、K＝13。

109

 ショートケーキの日は何日？

毎月、ある日が「ショートケーキの日」と決まっています。さて、それは何日でしょう？ もちろん、ちゃんとした理由があります。

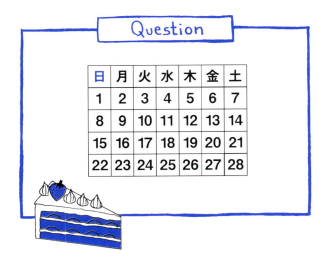

Part 4 「想像型」発想のパズル問題

ヒントを手で上手に隠しながら、
ひとつずつ見ていきましょう。

---------- Level 1

1 「ショートケーキ」は
どんなケーキですか？

---------- Level 2

2 ショートケーキから
連想するものは？

---------- Level 3

3 「ショートケーキ」は上に
イチゴがのっているケーキです。

---------- Level 4

4 イチゴを数字で表すと？

答えはP113へ

 | 解答 | 問題 **40** 　　　　　「あるもの」の正体は？

自転車

111

問題 42 「あるもの」の正体は？

「あるもの」についての文章です。「あるもの」とはいったい何でしょう？

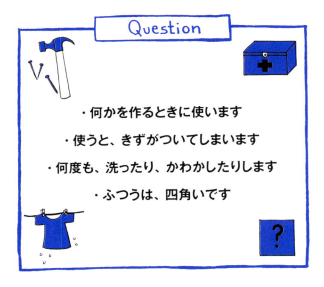

Question

・何かを作るときに使います

・使うと、きずがついてしまいます

・何度も、洗ったり、かわかしたりします

・ふつうは、四角いです

Part 4 「想像型」発想のパズル問題

ヒントを手で上手に隠しながら、
ひとつずつ見ていきましょう。

Level 1

1 バイ菌がつくと、よくないです。

Level 2

2 ふつうは、どこの家にもあります。

Level 3

3 この上で、食べものを切ります。

Level 4

4 包丁とセットで使います。

答えはP115へ ➡

| 解答 | 問題 **41** | ショートケーキの日は何日? |

22日

カレンダーで、イチゴ、つまり15が上にのっている22日が答えでした。
15日と答えた人はおしかったですね。

問題 43 ランプは何のためにあるの？

日本の大型トラックには、窓の上に3つのランプ（走っているときに、ついたり消えたりする）がついていることがあります。これは何のためについているのでしょう。

Part 4 「想像型」発想のパズル問題

ヒントを手で上手に隠しながら、
ひとつずつ見ていきましょう。

Level 1

1 このランプは、
まわりの人に見せるためのものです。

Level 2

2 何よりも安全性のために
ついているのです。

Level 3

3 よく似た機能のものが
運転席にもついています。

Level 4

4 このランプのおかげで、
違反車はすぐにわかります。

答えはP117へ ➡

解答	問題 42	「あるもの」の正体は？

まな板

115

 「あるもの」の正体は?

「あるもの」についての文章です。
次の「あるもの」とは何でしょう?

Question

・長くて速いものがくると、しまります。

・長い棒があります。

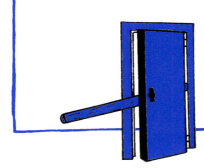

Part 4 「想像型」発想のパズル問題

ヒントを手で上手に隠しながら、
ひとつずつ見ていきましょう。

Level 1

1 これがしまると、止まらなければいけません。

Level 2

2 待っているあいだは、音と光が出ます。

Level 3

3 長い棒は、しましまです。
ふつう、黄色と黒のしましまです。

Level 4

4 長くて速いものとは、電車のことです。

答えはP119へ ➡

| 解答 | 問題43 | ランプは何のためにあるの？ |

走っている速さを知らせるため
大きいトラックは、見ただけでは速さがわからなくて危ないので、速さによってつくランプの数が変わります。昔はこのランプを必ずつけなければいけませんでした。

117

使う発想				制限時間	小学生の正解率
Reflex -%	Attention -%	Imagine 50%	Analyze 50%	7 min	低 15% / 高 30%

問題 45　すごい色は？

「?」に入る言葉を書きましょう。

Question

すごいくろは 「くろ」

すごいしろは 「しろ」

すごいあかは 「か」

すごいあおは 「?」

Part 4 「想像型」発想のパズル問題

ヒントを手で上手に隠しながら、
ひとつずつ見ていきましょう。

Level 1

1 「すごいくろ」を言い換えると？

Level 2

2 「くろ」の前に、何か言葉を入れてみて。

Level 3

3 カラスの羽は「真っ黒」です。

Level 4

4 「真っ青」の「青」は、
何と読みますか？

答えはP121へ ➡

解答　問題 44　　　　　「あるもの」の正体は？

踏切

ノーヒントではなかなか正解にたどり着かなかったと思います。
イメージを広げるトレーニングをしましょう。

使う発想				制限時間	小学生の正解率
Reflex -%	Attention 40%	Imagine 50%	Analyze 10%	8min	低 10% / 高 20%

問題 46 ひっくり返すと……？

「?」に入る1文字はなんでしょう。
よく読んで答えましょう。

Question

① 「さ」をひっくり返すと「ち」になります。

② 「つ」をひっくり返してまわすと「し」になります。

③ 「?」をひっくり返すと「と」になります。

さ→ち　つ→し　?→と

Part 4 「想像型」発想のパズル問題

ヒントを手で上手に隠しながら、
ひとつずつ見ていきましょう。

Level 1

1 ①と②は文字の形です。

Level 2

2 ③は文字の形ではありません。

Level 3

3 ③は、2人で対戦する、
あるゲームのことをいっています。

Level 4

4 男も女も、プロの人がいます。

答えはP122へ ➡

| 解答 | 問題 **45** | すごい色は？ |

さお（まっさお）

すごいくろ＝まっくろ、すごいしろ＝まっしろ、すごいあか＝まっか、すごいあお＝まっさお、となります。

121

「想像型」発想力チェック

10min

1つのテーマから連想して、それに関係する文章を書きましょう。文章は決められた形で書かなければなりません。また、1つのテーマで一度使った言葉は2回以上使うことはできません。制限時間10分。

例：テーマ「雨」かさをさす。水たまりにはまる。
　　服がぬれる。軒下で雨やどり。

1 空

| □ を □ 。 | □ に □ 。 |
| □ が □ 。 | □ で □ 。 |

2 電車

| □ を □ 。 | □ に □ 。 |
| □ が □ 。 | □ で □ 。 |

解答 問題 **46**　　　　ひっくり返すと……？

ふ（歩）

将棋のルールでは、敵陣に入ると、「歩（ふ）」がひっくり返って「と」になります。

Part 4 「想像型」発想のパズル問題

3 仕事

4 朝食

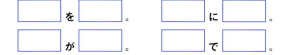

5 コンビニ

□ を □ 。	□ に □ 。
□ が □ 。	□ で □ 。

解答　問題 47　　　　「想像型」発想力チェック

※以下の答えは、あくまで一例です。

1 星を見る。虹に出合う。月が出る。飛行機で飛ぶ。
2 駅を通過する。新幹線に乗る。乗客が降りる。特急で行く。
3 計画を立てる。仕上げにかかる。予定がなくなる。スーツで出社する。
4 パンを焼く。テーブルにつく。サラダが出る。家族で食べる。
5 パンを買う。夜中に開いている。飲み物が豊富。若い人でにぎわう。

⭐ 「想像型」発想力の評価（S〜D）

**20点：S（最優秀）／17〜19点：A（優秀）／
14〜16点：B（普通）／11〜13点：C（力不足）／
10点以下：D（問題あり）**

「想像型」発想力のある人は飛躍的に伸びる！

反射型が幅跳びだとすると、想像型は三段跳びです。遠くまで飛距離を稼ぐ分だけ、答えを探す面積も広がります。逆に、最初の一歩で見当が外れると致命的なほど、答えから遠ざかってしまいます。それをカバーするのが、歩数です。とにかくあらゆる方向にジャンプすることがとても重要です。実際にはとても難しいので、想像型の問題の解き方のコツを説明します。

■問題を知識と経験でつなぎ合わせながら正確にイメージする
■問題を絞りやすいカギから連想を広げる
■複数のカギから連想を広げ、重なる部分を探す

難問になるほど連想の歩数が増え、探す範囲が広がります。本書では、その方向をある程度絞ることができるように、右ページにヒントが書かれています。ほとんど見ないで解けたという方は少ないでしょうが、できる限り見ずに解くことで連想する力を伸ばすことができます。

問題47の最終テストは、日常をどれだけイメージできるかを試すテストです。上位者ほど、人が思いつかないことを発想できるでしょう。ただし、想像型の発想は飛躍的な分、必ずしもそれが解決策や名案であるとは限らないので、発案する前に自分の中で選定する作業を忘れないでください。また、苦手な方も諦めることはありません。連想は訓練により身につけることができる能力です。「風が吹けば桶屋が儲かる」のように、2つの事例を結びつけるのもいい練習になります。「雨が降ればお小遣いが増える」などのストーリーを組み立ててみてください。

Part 5

「分析型」発想の
パズル問題

「**分**析型」発想とは、問題に書かれたルールや法則を見つけて、答えを導きだすものです。気づいていても流してしまうことが多いので、わからないときは紙に書きながら考えるといいでしょう。

 仲間はずれはどれ？

1つだけちがうものがあります。それはどれでしょうか？

①
1	2
4	3

②
5	6
8	7

③
2	3
5	4

④
3	4
6	5

⑤
4	5
6	7

⑥
6	7
9	8

Part 5 「分析型」発想のパズル問題

ヒントを手で上手に隠しながら、
ひとつずつ見ていきましょう。

---------- Level 1

1 何よりも、数字の順番が
たいせつです。

---------- Level 2

2 それぞれの数字は、
どのように並んでいますか？

---------- Level 3

3 左上から始まって、
どうやら、時計回りに！

---------- Level 4

4 ひとつだけ、
順番が違っているカードがあります。

答えはP129へ ➡

どんな文字盤になる？

時計の1から12の数字には、あるルールがあります。ルールを考えて、足りない数字が○のどこに入るかを、答えましょう。

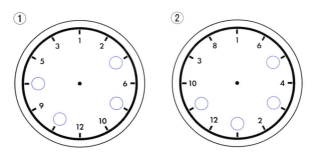

Part 5 「分析型」発想のパズル問題

ヒントを手で上手に隠しながら、
ひとつずつ見ていきましょう。

---

①のヒント　　Level 1

1 抜けている数字は「4、7、8、11」です。

Level 2

2 1から2にいき、次は3にいきます。
この順番で考えましょう。

---

②のヒント　　Level 1

1 抜けている数字は「5、7、9、11」です。

Level 2

2 1から2に、2から3に、
間がいくつ飛んでいるのでしょう？

答えはP131へ ➡

解答　問題48　　　　　　　仲間はずれはどれ？

⑤

ほかの5つは、左上から始めて、時計回りに数字が続いています。

129

使う発想				制限時間	小学生の正解率	
Reflex 40%	Attention -%	Imagine -%	Analyze 60%	1min	低 70% 高 90%	

問題 50

「？」に入るひらがなは何でしょう？

あいうえお？

Question

あ え き こ す ？ て

Part 5 「分析型」発想のパズル問題

ヒントを手で上手に隠しながら、
ひとつずつ見ていきましょう。

Level 1

1 ひらがなの順番です。

Level 2

2 順番を飛ばしています。

Level 3

3 2文字消えています。

Level 4

4 「あいうえお」を
順番に言ってみてください。

答えはP133へ ➡

解答 問題 49　　　どんな文字盤になる？

① （頂点から時計回りに）4、8、11、7 頂点を軸に右→左→右→左と交互に数字が入ります。② （頂点から時計回りに）11、9、7、5 頂点から時計回りに、5つ刻みで数字が入ります。

131

「？」に入る数字は？

あるルールにしたがって、数字と●が変わっていきます。
「？」に入る数字は何でしょう？

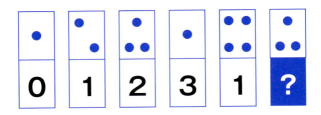

Part 5 「分析型」発想のパズル問題

ヒントを手で上手に隠しながら、
ひとつずつ見ていきましょう。

Level 1

1 足したり引いたり
しているわけではありません。

Level 2

2 左から右に
順番に見ていきます。

Level 3

3 最初の数字は、
0でなくてもいいのかもしれませんね。

Level 4

4 1つ前の●はいくつ？

答えはP135へ ⇒

解答 問題 **50**　　「？」に入るひらがなは何でしょう？

た

50音順で、2文字ずつ飛ばしています。

133

| 使う発想 | | | | 制限時間 | 小学生の正解率 |

Reflex 30% / Attention -% / Imagine -% / Analyze 70% / 2min / 低 65% / 高 70%

問題 52 英語で解いてみよう！

この問題は、英語で出します。
「？」に入る文字は何でしょう。

Question

What is the next letter in this series?

W , i , t , n , l , i , t , ?

Part 5 「分析型」発想のパズル問題

ヒントを手で上手に隠しながら、
ひとつずつ見ていきましょう。

Level 1

1 この英文を日本語に訳す必要はありません。

Level 2

2 英語の意味がわからなくても、
解くことができます。

Level 3

3 大文字のWは、
何に対応しているのでしょうか？

Level 4

4 わかりやすくしてみます。
What is the next letter in this series?

答えはP137へ ➡

解答　問題 51　　　　　　　　　　「?」に入る数字は？

4

1つ前のマスにある●の数を表す数字が入っています。

135

Aの仲間はどれ？

いろいろなものが、仲間Ａと仲間Ｂに分かれています。仲間Ａに入るのは下の６つのうちどれでしょう？

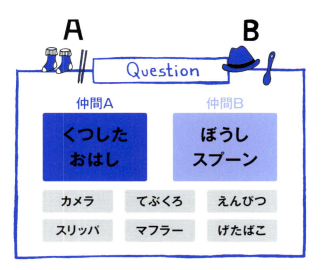

Part 5 「分析型」発想のパズル問題

ヒントを手で上手に隠しながら、
ひとつずつ見ていきましょう。

Level 1

1 仲間Aと仲間Bを使うところを
イメージしてみましょう。

Level 2

2 仲間Bはひとつで**十**分役に立ちます。

Level 3

3 仲間Aはひとつのようでいて、
ひとつではありません。

Level 4

4 仲間Aはひとつがなくなると、
困ってしまいます。

答えはP139へ ➡

解答　問題**52**　　　　　　　英語で解いてみよう！

S

それぞれの単語の頭文字を並べてあります。英語はあまり関係ありませんでしたね。

137

問題 54 なんて読むの？

暗号の問題です。

Question

| いけ | え | はれ | えいが |

は

| こおろぎ |

と読みます。では、

| はれ | せかい | あせ | き |

は、なんと読むでしょう？

Part 5 「分析型」発想のパズル問題

ヒントを手で上手に隠しながら、
ひとつずつ見ていきましょう。

Level 1

1 1つの言葉が1つの文字に変わっています。

⬇

Level 2

2

⬇

Level 3

3 「はれ、せかい、あせ、き」の
最後の文字を見ます。

⬇

Level 4

4 「れ、い、せ、き」は、
なんと読むのでしょう。

答えはP141へ ➡

解答　問題 **53**　　　　　　　　Aの仲間はどれ？

てぶくろ、スリッパ
Aの仲間はみんな2つで1組。ペアで使うものです。

139

どちらにもなれるのは？

仲間A、仲間Bがあります。どちらの仲間にもなれるものを考えてください。

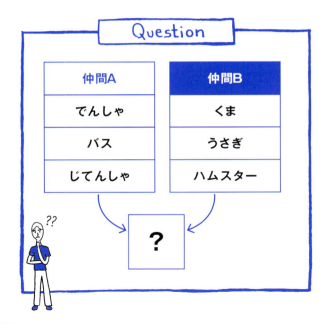

Part 5 「分析型」発想のパズル問題

ヒントを手で上手に隠しながら、
ひとつずつ見ていきましょう。

Level 1

1 仲間Aは「乗り物」です。

Level 2

2 仲間Bは「動物」(ほにゅうるい)です。

Level 3

3 仲間Aと仲間B、
両方の要素を持っているものは？

Level 4

4 人が乗れる動物は？

答えはP143へ ➡

解答 問題 54　　　　　　　　　なんて読むの？

ろうそく
それぞれの言葉の最後の文字を、50音順でひとつ次の文字にずらします。

141

隠されているクイズの答えは？

暗号にクイズが隠されています。暗号を解いてクイズに答えましょう。

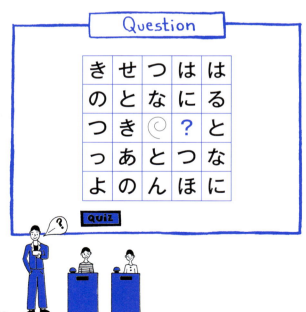

Part 5 「分析型」発想のパズル問題

ヒントを手で上手に隠しながら、
ひとつずつ見ていきましょう。

----- Level 1

1 文字をどういう順番に読んでいくか、という問題です。

----- Level 2

2 まん中のマークが、文字を読む順番のヒントになっています。

----- Level 3

3 四隅のどこかがスタートです。

----- Level 4

4 日本の四季は、春夏秋……？

答えはP145へ ➡

 問題 **55**　　　　どちらにもなれるのは？

うま、ロバ、らくだ……など
どちらの仲間にもなれるのは「人が乗れる動物」です。

143

ルールを探して！

下に書かれている言葉には、あるルールがあります。そのルールは何でしょう？

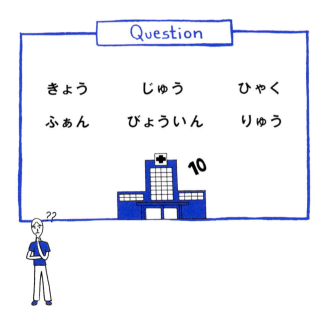

Question

きょう　　じゅう　　ひゃく

ふぁん　　びょういん　　りゅう

Part 5 「分析型」発想のパズル問題

ヒントを手で上手に隠しながら、
ひとつずつ見ていきましょう。

Level 1

1 文字にあることをすると、
ちがう意味の言葉になります。

Level 2

2 「小さな文字が含まれている」は、
正解ではありません。

Level 3

3 声に出して「びょういん」と、
ゆっくり言ってみましょう。

Level 4

4 小さい文字に注目！　きょう　じゅう
ひゃく　ふぁん　びょういん　りゅう

答えはP147へ ➡

解答　問題56　　　　　　隠されているクイズの答えは？

ふゆ

右下の「に」から、渦巻きのように読んでいくと「にほんのよっつのきせつははるとなつとあきとなに？」と読めます。

「ある」と「ない」の違いは？

「ある」に隠されているものは何でしょうか？

ある	ない
かた	せなか
かるい	おもい
じき	じかん
グッド	バッド
かし	ごはん

Part 5 「分析型」発想のパズル問題

ヒントを手で上手に隠しながら、
ひとつずつ見ていきましょう。

--- Level 1

1 「ない」ほうを無視するのが、
この手の問題を解くポイントです。

--- Level 2

2 「ある」ほうには、何かが隠れています。

--- Level 3

3 ただし、
そのまま隠れているわけではありません。

--- Level 4

4 上から読んだり下から読んだり、
左から読んだり右から……。

答えはP149へ ➡

| 解答 | 問題 **57** | | ルールを探して！ |

小文字を大きくすると、ちがう言葉になります

きょう、じゆう、ひやく、ふあん、びよういん、りゆう。

問題 59 「ある」にあって、「ない」にないものは?

「ある」に共通するものは何でしょうか?

ある	ない
電話	メール
めがね	コンタクトレンズ
そうじき	ほうき
ふとん	まくら
ふりかけ	うめぼし

Part 5 「分析型」発想のパズル問題

ヒントを手で上手に隠しながら、
ひとつずつ見ていきましょう。

--- Level 1

1 「ない」のほうは、見なくてもいいです！

--- Level 2

2 言葉に何かが隠されているわけでは
ありません。

--- Level 3

3 「ある」ほうは動作は違っても、
同じ言葉で表現されます。

--- Level 4

4 「ある」ほうの言葉には、
すべて「か□□」という動詞がつきます。

答えはP151へ ➡

解答 問題 **58** 　　　　「ある」と「ない」の違いは？

「ある」ほうは、逆から読むと生き物の名前になります

たか、いるか、きじ、ドッグ、しか。

149

使う発想				制限時間	小学生の正解率
Reflex 30%	Attention -%	Imagine 10%	Analyze 60%	4min	低 20% / 高 35%

問題 60 配られていないカードは？

Question

1〜10までの数字が書いてある、10枚のカードがあります。カードをよく切って、自分とAさん、Bくんの3人に3枚ずつ配りました。それぞれ、配られたカードの数字を足すと、3人とも「17」であることがわかりました。さて、だれにも配られていないカードが1枚のこっていますが、その数字はいくつでしょう？

Part 5 「分析型」発想のパズル問題

ヒントを手で上手に隠しながら、
ひとつずつ見ていきましょう。

Level 1

1 3人がどのようなカードを持っているか、
ということがわからなくても、解けます。

Level 2

2 1〜10までのカードを足すと、
いくつになりますか？

Level 3

3 1+2+……+9+10は、
55になります。

Level 4

4 では、3人のカードを足すと、
いくつになりますか？

答えはP153へ ➡

解答　問題**59**　「ある」にあって、「ない」にないものは？

「ある」ほうは、すべて「かける」ものです

電話をかける、めがねをかける、掃除機をかける、布団をかける、ふりかけをかける。

151

| 使う発想 | | | | 制限時間 | 小学生の正解率 |

| Reflex -% | Attention 40% | Imagine -% | Analyze 60% | 6min | 低 20% / 高 30% |

問題 61 ▶ 謎の文章の意味は!?

下のような謎の文章があります。ちょっと工夫すると、ちゃんと読める文章になります。正しい文章を下の原稿用紙に書き入れてみましょう。

ほ あ も ち ん ん しょ み ご
れ っ た う ま と い も せ む
な ん ん ず も だ が か の い
こ し で の れ い す き が か

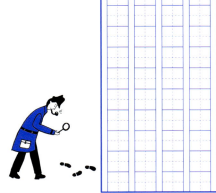

152

Part 5 「分析型」発想のパズル問題

ヒントを手で上手に隠しながら、
ひとつずつ見ていきましょう。

---- Level 1

1 謎の文章の文字数は、
原稿用紙のマス目にちょうど当てはまります。

---- Level 2

2 どのようにマス目に当てはめていくか、
考えてみましょう。

---- Level 3

3 マス目に入れた文字をたてに読んでいくと、
ちゃんと読める文章になります。

---- Level 4

4 右上のマス目には「ち」が入り、
ここから下に読んでいきます。

答えはP155へ ➡

解答 問題 **60**　配られていないカードは？

4

カードをぜんぶ足すと55になります。3人に配られたカードの合計は51で
すから、4足りません。この「4」が誰にも配られなかったカードです。

奇妙な足し算!?

次の式が成立しています。このとき、D、T、F、Kはそれぞれいくつになるか答えましょう。

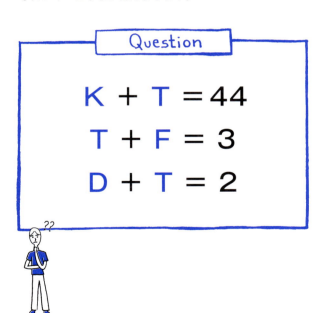

Part 5 「分析型」発想のパズル問題

ヒントを手で上手に隠しながら、
ひとつずつ見ていきましょう。

--- Level 1

1 それぞれの文字が何を
表しているかを考えましょう。

--- Level 2

2 カンで数字を当てはめると、
見覚えのある数が出てきます。

--- Level 3

3 小学校の「社会科」で習います。

--- Level 4

4 日本地図を思い浮かべてください。

答えはP157へ ➡

解答　問題 **61**　　　　　　　　　　　謎の文章の意味は!?

「ちょっとむずかしいかもしれませんがこれがあんごうもんだいの
きほんみたいなものです」

原稿用紙のマス目の左上から右へ、そのまま文章を入れていきます。それを
縦書きで読んでください。

155

「分析型」発想力チェック

10min

文字や数字、絵などが順番に並んでいます。どんなルールで並んでいるかを考えて、2つの□に当てはまるものを下の5つの中から選び、番号を書いていきましょう。答え合わせは、20問が終わってからです。制限時間10分。

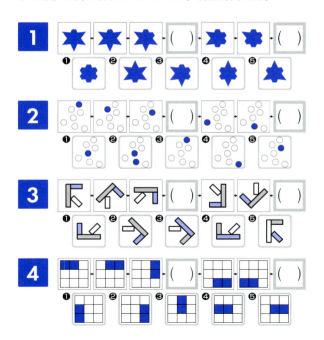

Part 5 「分析型」発想のパズル問題

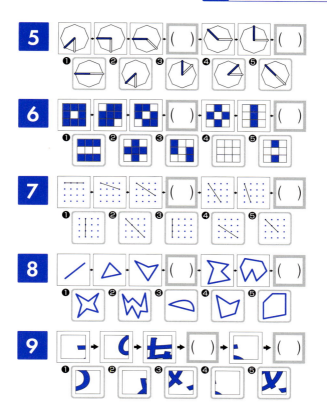

解答 問題 62
奇妙な足し算!?

D=1、T=1、F=2、K=43

D=道、T=都、F=府、K=県を表しています。DとTに1を入れてみると、1、1、2、43というどこかで見たことのある数字が現れます。

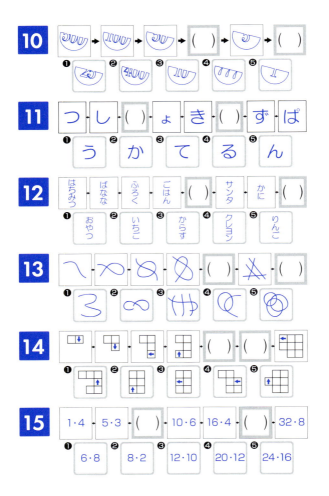

Part 5 「分析型」発想のパズル問題

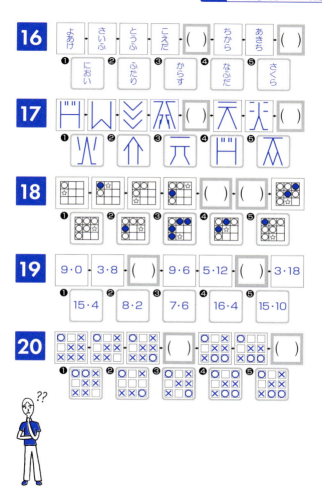

解答 問題 **63**   「分析型」発想力チェック

1 ❸、❶   **11** ❶、❹

2 ❶、❹   **12** ❹、❷

3 ❷、❶   **13** ❸、❺

4 ❷、❶   **14** ❸、❺

5 ❺、❸   **15** ❷、❹

6 ❷、❺   **16** ❶、❺

7 ❷、❸   **17** ❶、❹

8 ❹、❶   **18** ❹、❶

9 ❺、❶   **19** ❸、❶

10 ❸、❺   **20** ❸、❹

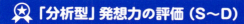

☆「分析型」発想力の評価（S〜D）

**19〜20点：S（最優秀）／16〜18点：A（優秀）／
13〜15点：B（普通）／10〜12点：C（力不足）／
9点以下：D（問題あり）**

「分析型」発想力のある人は慎重派！

　算数や数学で問われる発想がこれです。仕事では研究職、専門職などがとくに当てはまります。隠されたルールや法則に気づき、その先を当てる問題なので、理系的な発想力と言えます。問題を細かく見ていき、ヒントをかき集めましょう。注意型と違い「引っ掛け」はないので、素直な気持ちで分析を。分析型の問題は「分析→予想→検証」の繰り返しです。検証結果が駄目なら、改めて分析を開始。目にとまった細かなことを拾います。
「分析型」発想は、理系職全般に必要な能力ですが、他の発想力と大きく違うのは、検証とセットになっており、答えにたどり着いたという確証が得られることです（得られない場合はほとんどが間違っています）。そのため、さまざまな試験で用いられることが多く、公務員試験や能力適性試験などでも頻出問題となっています。もちろん中学や高校受験でも同様です。問題63の最終テストは、ルール、法則を読み解く問題です。経験値でも結果は大きく左右しますが、上位者は分析家と言えるでしょう。この能力の特徴は、身近な解決策を正確に見つけだすことです。まさかの大逆転は狙えませんが、大きな失敗もしません。地味で小さな発想のため周りに評価されにくいのが難点です。分析は苦手という方もいますが、テストや試験に関していえば対策は簡単です。本書で解いた問題で約３割をマスターしたと思ってください。つまり、それほどバリエーションがないということです。それらしい本を１、２冊読めば試験対策は万全です。見たことのない問題でも対応できます。また、わかるようになれば自然と楽しく好きになるでしょう。

🚩 おわりに

　前著『大人に役立つ！頭のいい小学生が解いているパズル』
では、試行錯誤をテーマに「５つの思考術」について書きまし
たが、本書では発想力をテーマに「４つの発想術」を紹介いた
しました。

　パズルには、発想で解くものが数多くあります。誰も気づか
ないヒントを見つけだし、瞬時に解いてみせるのが、パズルの
醍醐味とも言えます。

　実は、ただ難しいだけのパズルそのものを考えるのはそれほ
ど難しいことではなく、カギとなるヒントを巧みに隠すことが
パズル制作において最も難しいことなのです。仕事や勉強の問
題と違い、予備知識が要らないパズルは、純粋に発想力を磨く、
とてもよいツールです。

　本文にも書いたように、発想で最も大切なのは「気づき」で
す。時には発想と同義に用いられることもあります。たくさん
のパズル問題でこの気づきのテクニックを磨いていただければ
と思います。

　しかし、みなさんが本当に必要としている発想力は、パズル
を解くためではありません。仕事や生活、それに勉強のため、
といったところでしょうか。

　ところが、それは本書で４つの発想術をマスターしただけで
は未完成です。パズルと違い、みなさんが抱える問題のほとん
どはそれぞれの専門性があるはずです。

　本書中に何度か登場したニュートンは、素晴らしい発想力の
持ち主だとされていますが、発想力は万能ではありません。た
とえニュートンでもまったく興味のないことや、知識のない分
野で発想力を試されたとしたらどうでしょう。後世に残る音楽

163

を生み出すことなどできないでしょうし、誰もが心を震わせる
ほどの文学もおそらく書けなかったでしょう。著名な音楽家や
芸術家も同じことが言えるでしょう。

　当たり前のことですが、素晴らしい発想は精通した分野でし
か生まれません。「４つの発想術」も、知識や経験がなければ
宝の持ち腐れになってしまいます。大きな仕事や問題にぶつか
り、悩み続けたときこそ、ぜひ、この本を読み返し、４つの発
想術と照らし合わせてください。きっと解決する発想に導く
「気づき」の光が差すと思います。

　最後に、私が所属する日本パズル協会の活動を紹介させてい
ただきます。パズルを取り巻く環境は近年大きく変化しており、
教育や予防医学での活用が急速に進んでいます。なかでも認知
症予防活動の一環として、高齢者施設や地域行事に活用される
ケースも多く、その実績から今では「熊本県認知症予防プログ
ラム」にも専用のパズルが組み込まれています。

　パズルは脳を鍛えるダンベルのようなものです。解けないほ
どの難問が続くと頭が拒絶します。パズルに不慣れな方は、ま
ず解けた喜びを十分に味わい、自信をつけることが大切なので
すが、現在、市販されているパズルは、残念ながらハイレベル
なものがほとんどです。

　そうした背景を踏まえ、パズルの知識、活用法を正しく普及
することを目的に協会が発足しました。協会では、毎年科学館
などと合同で、「東京パズルデー」というイベントを開催し、
さまざまなパズルに挑戦してもらい、考えて解けるおもしろさ
を全世代の方たちに実感してもらっています。日本パズル協会
のホームページで紹介しておりますので、ご興味のある方は遊
びに来てください。

本書ではクロノスパズル教室から、パズル問題を出題しましたが、協会では幼稚園（年長用）、小学生のパズルプログラムを取り揃え、出張パズル教室も行っています。パズルは深い思考力と柔軟な発想力を養うとてもよい教材ですが、指導は大変難しく、学習塾などで乱用されているのも事実です。パズル学習に興味がある学校の先生や教育関係者の方は、ぜひ、日本パズル協会までご一報ください。

2018年6月　星野孝博

松永暢史 (まつなが・のぶふみ)

1957年、東京都生まれ。V-net（ブイネット）教育相談事務所主宰。個人学習指導者、教育環境設定コンサルタント、能力開発インストラクター、教育メソッド開発者、教育作家。著書に『新男の子を伸ばす母親は、ここが違う！』『できるだけ塾に通わずに受験に成功する方法』（ともに扶桑社）、『「ズバ抜けた問題児」の伸ばし方』（主婦の友社）、『マンガで一発回答 2020年大学入試改革 丸わかりBOOK』（ワニブラス）、『将来賢くなる子は「遊び方」がちがう』（ベストセラーズ）。趣味はたき火。

ブイネット教育相談事務所
〒167-0042 東京都杉並区西荻北2-2-5 平野ビル3F
TEL 03-5382-8688　HP http://www.vnet-consul.com/

星野孝博 (ほしの・たかひろ)

1970年、愛知県生まれ。学研の『頭のよくなるパズル』シリーズ、幻冬舎エデュケーションの『どうぶつしょうぎ』『どうぶつパズル』などを制作する、日本で唯一の教育的メカニカルパズル専門の株式会社クロノス代表取締役。日本パズル協会理事。パズルショップトリトやクロノスパズル教室の運営を行う傍ら、Eテレのアニメ『ファイ・ブレイン～神のパズル』のパズル監修や出題などパズル業界において幅広く活躍。著書に『川畑式50歳からの物忘れしないパズル』（KADOKAWA）。趣味はヒラメ釣り。

日本パズル協会事務局
〒110-0016 東京都台東区台東2-7-3 瀬戸ビル5F
TEL 03-3835-3274　HP http://www.jpuzzle.jp

本書は2014年8月にKADOKAWAより刊行した『大人の脳を活性化！頭のいい小学生が解いているヒラメキパズル』に加筆修正し、文庫化したものです

大人の脳を活性化！
頭のいい小学生が解いているヒラメキパズル

発行日	2018年7月1日　初版第1刷発行
	2019年8月30日　　　第2刷発行

著　者	松永暢史　星野孝博
発行者	久保田榮一
発行所	株式会社 扶桑社

〒105-8070
東京都港区芝浦1-1-1　浜松町ビルディング
電話　03-6368-8885(編集)
　　　03-6368-8891(郵便室)
www.fusosha.co.jp

印刷・製本　株式会社 廣済堂

企画・編集　梶原秀夫(Noah's Books,Inc.)
カバーデザイン　市川晶子(扶桑社)
本文デザイン　梶原浩介(Noah's Books,Inc.)
カバーイラスト　スケラッコ
本文イラスト　リリー・ケー(Lily. K.Inc.)
パズル問題作成　川崎 晋(株式会社 クロノス)
DTP　平林弘子
Special thanks　クロノスパズル教室

定価はカバーに表示してあります。
造本には十分注意しておりますが、落丁・乱丁(本のページの抜け落ちや順序の間違い)の場合は、小社郵便室宛にお送りください。送料は小社負担でお取り替えいたします(古書店で購入したものについては、お取り替えできません)。なお、本書のコピー、スキャン、デジタル化等の無断複製は著作権法上の例外を除き禁じられています。本書を代行業者等の第三者に依頼してスキャンやデジタル化することは、たとえ個人や家庭内での利用でも著作権法違反です。

JASRAC 出 1806409-801
© 2018 by Nobuhumi Matsunaga & Takahiro Hoshino
ISBN 978-4-594-08009-9
Printed in Japan